多种多样

鲨鱼轻图鉴

日本茨城县大洗水族馆 编

〔日〕和音 绘

黄劲峰 译

CS 湖南少年儿童出版社
HUNAN JUVENILE & CHILDREN'S PUBLISHING HOUSE

长沙

鲨鱼拥有庞大的身体和尖利的牙齿，而且很多人认为鲨鱼会攻击并吃掉在海里游泳的人。的确曾经有人被鲨鱼袭击并失去了生命，但是，鲨鱼真的有那么危险吗？

现在，大家不妨来猜一猜：世界上有 500 多种鲨鱼，其中有多少种会主动攻击人类？ 100 种？ 200 种？还是所有鲨鱼都会主动攻击？

恰恰相反，大多数鲨鱼并不会主动攻击人类。

另外，鲨鱼能给人类带来许多好处。比如，作为一种旅游资源，鲨鱼为潜水运动带来更多乐趣；鲨鱼皮有着独特的结构，经常被用来制作各种工具。然而，由于人类过度捕捞和栖息地退化，许多鲨鱼濒临灭绝。因此，我们需要思考，未来如何实现鲨鱼和人类的共存。

本书介绍了 60 种鲨鱼以及鲨鱼的近亲，其中有危险的鲨鱼，也有可爱的鲨鱼和不可思议的鲨鱼。希望读者朋友能借由这本书，一同探索迷人的鲨鱼世界。

日本茨城县大洗水族馆

如何阅读这本书

漫画
这里会用漫画的方式介绍它们的生活。

外形
这里会用图片展示它们的身体特征，尤其是惊人之处和有趣之处。

名字
这里会介绍它们的名字以及特点。

小知识
这里会揭露它们的小秘密。

小贴士
这里记载着它们的分类、大小（取最大值）、栖息地等信息。

这本书的导读小帮手

鲫小鱼

鲫小鱼是鲫鱼的一员，喜欢搭其他鱼类的便车去环游世界。鲫小鱼和其他鲫鱼不同，它能去到其他鲫鱼去不了的深海和远古时代。鲫小鱼坚信自己是一条鲨鱼，它到底是不是呢？

目录

1

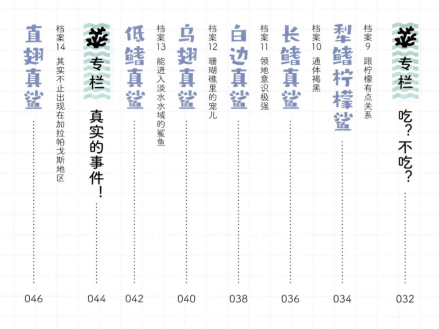

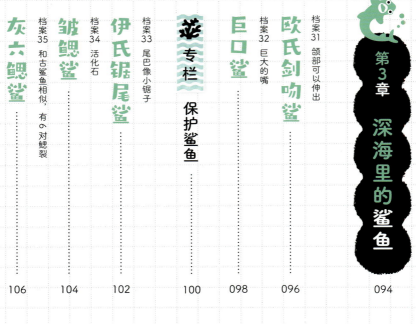

4

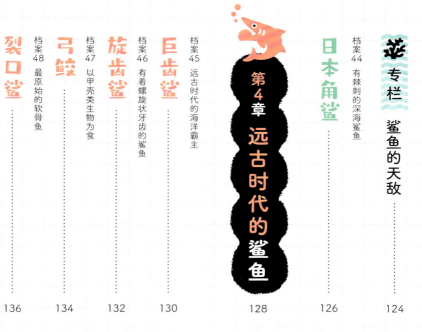

什么是鲨鱼？

鲨鱼属于软骨鱼纲板鳃亚纲。与大多数鱼类（硬骨鱼纲）不同，鲨鱼的骨头较为柔韧。这种质地较软的骨头很难形成化石，因此我们现在发现的绝大多数鲨鱼化石都是牙齿化石。此外，鲨鱼和其他鱼类还有几点不同，比如它没有鱼鳔，雄性鲨鱼有外生殖器，是鱼类中少见的通过交尾繁殖，并且还是胎生的种类。鲨鱼的牙齿也十分特殊。在鲨鱼的一生中，牙齿会不断生长，更换。

▼ 鲸鲨

▲ 噬人鲨

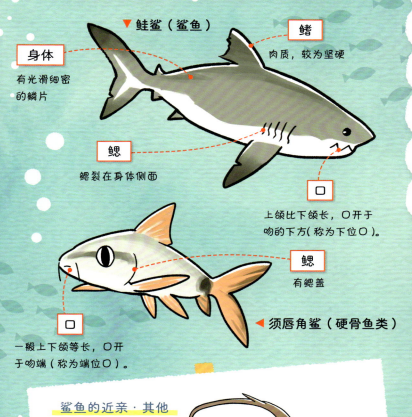

鲨鱼与其他鱼类的区别

▼ 鲑鲨（鲨鱼）

鳍
肉质，较为坚硬

身体
有光滑细密
的鳞片

鳃
鳃裂在身体侧面

口
上颌比下颌长，口开于
吻的下方（称为下位口）。

鳃
有鳃盖

口
一般上下颌等长，口开
于吻端（称为端位口）。

◀ 须唇角鲨（硬骨鱼类）

**鲨鱼的近亲·其他
软骨鱼类**

同属于板鳃亚纲的鳐鱼和
属于全头亚纲的黑线银鲛
都是鲨鱼的近亲。

▼ 黑线银鲛

▲ 赤魟

鲨鱼的独特之处

鲨鱼与其他鱼类有什么区别呢？

鲨鱼和它的近亲又有什么区别呢？

居然有这么大的鱼！

鲸鲨

鲸鲨是世界上最大的鱼，以浮游生物为食。

远洋

一部分鲨鱼喜欢生活在远离海岸的远洋地区，比如鲸鲨、姥鲨等。这些鲨鱼有洄游的习性，喜欢广阔的海洋。

鲨鱼的栖息地

海洋是鲨鱼的天堂。鲨鱼一般都待在海洋的哪里呢？

居然这么多！

是我们啦。

路氏双髻鲨

路氏双髻鲨会成群结队在沿岸的海域出没。

沿岸

靠近陆地的沿岸海域也有鲨鱼出没，它们性格不同、习性不同，既有像锥齿鲨这样温驯的鲨鱼，也有出没在珊瑚礁附近的乌翅真鲨。

呼
呼
呼

鲨鱼！

哇！洞里满是

灰三齿鲨

灰三齿鲨在白天会和同伴一起睡在海底的洞穴里。

有许多鲨鱼喜欢安静地待在海底，灰三齿鲨就是如此。不过，这些鲨鱼到了夜晚就会积极觅食哦。

鲨鱼真厉害！

深海

有的鲨鱼能生活在水深200米以下的深海里。它们大多数都有着自己的独特之处，比如眼睛特别大，或是能够自己发光等。

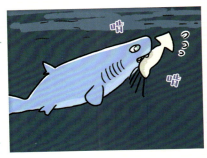

啃

啃

灰六鳃鲨

灰六鳃鲨生活在深海里。它的牙齿是叶状的。

远古时代

鲨鱼的形态从远古时期起就一直没有太多改变，可以说是活化石。在比恐龙时代更久远的时期就已能在海洋中找到鲨鱼的身影了。

居然还有这样的生物……

我的牙齿很特别吧。

旋齿鲨

旋齿鲨已经灭绝，它的牙齿排列呈螺旋状。不过这种形状奇特的牙齿到底该怎么使用呢？

鲨鱼浑身都是宝

深海鲨鱼的鱼肝油常常用来制作化妆品，鲨鱼皮也有着许多用途。鲨鱼肉可以作为食品，鲨鱼的颌骨和牙齿可以制成标本或工艺品。

原来鲨鱼也和人类的生活息息相关啊！我都不知道！

刺鲨的鱼肝油有许多用途。

黑缘刺鲨

黑缘刺鲨生活在深海，其鱼肝油常被用来制作食品或化妆品。

气势十足!

娱乐活动

与鲨鱼相关的娱乐活动很多,比如潜水时观察鲨鱼,钓鲨鱼等。鲨鱼是如此强大,许多人都期待能近距离接触它们。

许多潜水员会慕名来寻找我的身影!

乌翅真鲨

乌翅真鲨常常出现在珊瑚礁附近,深受潜水爱好者欢迎。其特征是背鳍尖部呈黑色。

伤人

虽然鲨鱼伤人事件不常发生,但大家仍需小心。一般情况下,不刺激、不主动接近鲨鱼,鲨鱼是不会主动袭击人类的。

噬人鲨伤人事件超过300起!

噬人鲨

如果被噬人鲨误判为猎物,或是人类侵犯了它的领地,噬人鲨是会主动攻击人类的,有许多电影和小说都是以噬人鲨为主角。

大名鼎鼎的

鲨鱼

第 1 章

嘴巴也太大了！

p.012

鲨鱼也有小秘密！

p.014

它在吃海狗！

p.024

这是什么？

p.050

长相真奇怪……

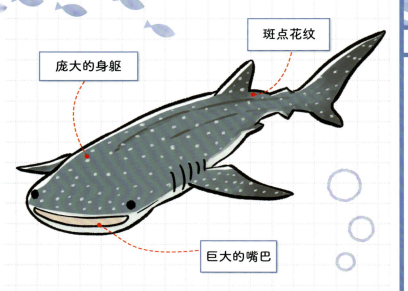

斑点花纹

庞大的身躯

巨大的嘴巴

鲸鲨

超大的身体和微小的浮游生物形成鲜明对比

鲸鲨是个大家伙，身体全长可达 18 米，体重可达 15 吨，是世界上最大的鱼类。它性格温驯，以桡足类等浮游生物为食。捕食时，鲸鲨会在海底游动，张开大嘴，将浮游生物连同海水一起吸入，然后从鳃部滤出海水。鲸鲨很受潜水摄影师、观光客喜爱。

小贴士

- 分类：须鲨目 鲸鲨科
- 全长：18 米
- 分布：热带和亚热带海区的中上层
- 食物：以浮游生物为主

鲸鲨的英文名是 Whale Shark，意思是像鲸鱼的鲨鱼，这也是它叫鲸鲨的原因。

美食家

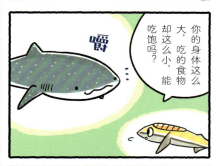

嚼

你的身体这么大，吃的食物却这么小，能吃饱吗？

毕竟你周围能吃的食物这么多，为什么吃这么小的呢？

因为这样吃既能填饱肚子，又很轻松，再舒服不过了！

原来是这样……

你看像它们这样追逐猎物，得多累啊……

巨大

居然有这么大的鱼！

嗷呜

它吃的鱼个头一定也很大吧！

它张开嘴了！

啊

哦！

咕嘟咕嘟

鲸鲨通过吸入大量的海水来捕获浮游生物。

咦，它在吸什么呀？

小知识　鲸鲨是卵胎生动物，一次最多可以生下 300 个小宝宝。

它
真
的
是
水
怪
吗
?!

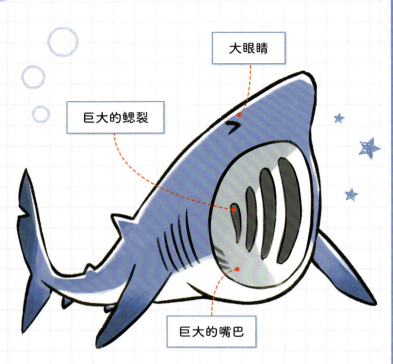

大眼睛

巨大的鳃裂

巨大的嘴巴

姥鲨

巨大的嘴巴和鳃裂

姥鲨捕食时也是张开大嘴，用鳃过滤海水捕食浮游生物。1977年，日本渔船"瑞洋丸"号捞起了一具类似蛇颈龙的尸体。这具不明生物的尸体被称为"新尼斯湖水怪"，但是有专家认为，它的真面目或许就是姥鲨。

小贴士

- 分类：鲭鲨目 姥鲨科
- 全长：12 米
- 分布：太平洋、大西洋的温带及
  寒带沿岸海域的中上层
- 食物：以浮游生物为主

姥鲨的体形是鲨鱼中第二大的！

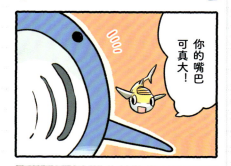

血盆大口

你的嘴巴可真大！

我是这样吃饭的哦！一边游动一边张大嘴吸入浮游生物！

吸吸吸

但是我死后，下巴就会脱落，掉下来呢……

就变成了这样。

尼斯湖水怪?!

注 姥鲨的下颌结构相对松散，在它死后，下颌在腐烂过程中易被分解，导致"消失"，鲨姥就这样变成了"水怪"。

小知识　据说姥鲨会冬眠，但是其实并不会！

稍大的第一背鳍

锐利的三角形牙齿

会吃人的凶残鲨鱼

噬人鲨

会袭击人类的恐怖鲨鱼

　　噬人鲨的牙齿是三角形的，像锋利的刀片，能把猎物切碎。噬人鲨性格凶暴，是一种特别危险的鲨鱼。目前已经发生多起噬人鲨攻击人类的事件。它们的运动能力极强，有时可以观察到它们高高跃出海面攻击海狗。

小贴士

- 分类：鲭鲨目 鲭鲨科
- 全长：6 米
- 分布：亚热带地区的近海上层
- 食物：以鱼、海狗为主

噬人鲨一次会生下2~14 条小鲨鱼，是卵胎生动物。

温暖

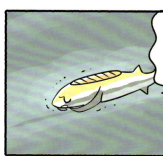

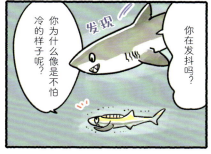

小知识 和鲑鲨同属鲭鲨科的噬人鲨也有类似的血液循环系统。

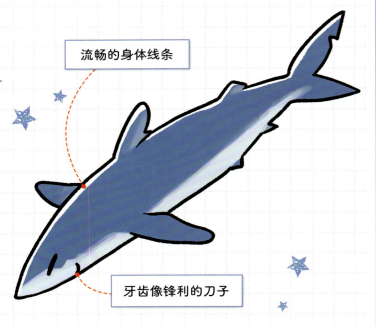

流畅的身体线条

牙齿像锋利的刀子

档案 5

世界上游得最快的鲨鱼

尖吻鲭鲨

游泳时速超过 40 千米

　　尖吻鲭鲨是已知鲨鱼中游泳最快的，时速可超过 40 千米。有时尖吻鲭鲨会借助高速游泳时的惯性跃出海面，跃出的高度可达身体长度的数倍。尖吻鲭鲨有洄游的习性。科学家曾经观测到尖吻鲭鲨游了 4000 千米横跨大西洋，也曾观测到它用 37 天游出 2130 千米。

小贴士

● 分类：鲭鲨目 鲭鲨科

● 全长：4 米

● 分布：热带至温带海域的沿岸至远洋上层

● 食物：以鱼、枪乌贼为食

有时它会跳到人类的船上！

游泳健将

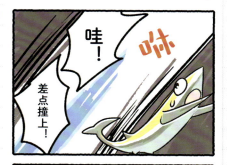

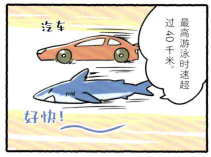

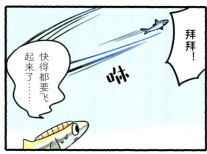

小知识 尖吻鲭鲨背部呈金属质感的蓝色，随着年龄增大，颜色会越来越深。

鲨鱼的速度

游泳

鲨鱼里的游泳健将

　　有些鲨鱼的身体呈纺锤形，看起来就能游得很快。事实确实如此，尖吻鲭鲨、噬人鲨等鲨鱼的游泳时速最高可超过40千米。鲭鲨科和双髻鲨科等喜欢在海洋上层游泳的鲨鱼都能游出惊人的速度。

　　不过，鲨鱼高速游泳只出现在它们捕猎时。平时，鲨鱼们都是以每小时8千米左右的速度游泳。此外，有些鲨鱼必须一直保持游泳状态，只要停下来就无法呼吸。

不喜欢游泳的鲨鱼

　　日本扁鲨喜欢藏在海底的沙石下，基本不怎么游动。皱唇鲨也不喜欢游动，喜欢藏身在岩石中。

　　这些鲨鱼大多在眼睛后方有喷水孔。这个器官能帮助鲨鱼在静止不动时也能维持呼吸。人们一直认为鲨鱼必须依靠游动来呼吸，但是其实也有很多鲨鱼在呼吸时并不需要游动哦。

用尾鳍一招制敌

大眼长尾鲨

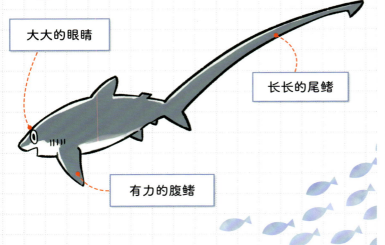

大大的眼睛

长长的尾鳍

有力的腹鳍

将尾鳍当作鞭子挥舞

　　大眼长尾鲨，顾名思义，它的尾鳍特别长，而且十分有力。眼睛大大的，分布在头的两侧。觅食时，大眼长尾鲨会挥动尾鳍来攻击猎物。

小贴士

- 分类：鲭鲨目 长尾鲨科
- 全长：4.8 米
- 分布：全世界的热带上层至 700 米深的深海中
- 食物：以鱼为食

大眼长尾鲨的尾鳍占到身体全长的一半以上。

作用

其实我的尾鳍这么长，并不是为了打你。

那它有什么用呢？

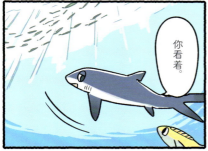

你看着。

挥

看招！

请你吃一条，就当我为刚刚打你道歉了。

哇！谢谢！

长长的尾鳍

尾鳍这么长，不会不方便吗？

……

无视

游走

喂喂！

游来　　游去

喂喂！

喂喂！

挥击

你好吵呀！

痛！

小知识　渔民在捕捞长尾鲨科等有长长尾鳍的鱼类时会使用特殊的渔具。

黑色条纹

吻部较短

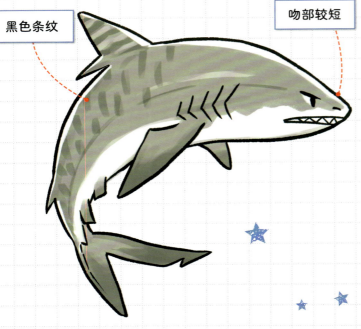

看见什么吃什么

鼬鲨

身上的条纹像老虎斑纹一样

鼬鲨十分凶猛且贪婪，它无所不吃，鱼、哺乳动物、海鸟等都是它的食物，就连有着坚硬甲壳的海龟都不能逃过它的血盆大口。不过有时鼬鲨也会误食轮胎或油罐……鼬鲨身体上有黑色条纹，但这些条纹会随着它的成长而逐渐淡去。

小贴士

- 分类：真鲨目 鼬鲨科
- 全长：5.5 米
- 分布：热带及亚热带的沿岸海域
- 食物：以鱼、海龟为主

鼬鲨的英文名叫 Tiger Shark，也叫虎鲨。

侧线

　　鲨鱼有着发达灵敏的嗅觉，但是它最发达的感觉器官还是侧线器官。侧线器官从鲨鱼头部沿着整个身体长轴随着水平肌隔的走向分布，直达尾部呈线状排列，能感知其他生物发出的声音、震动。因此，鲨鱼对周遭环境变化十分敏感。实验显示，有些鲨鱼能感知到 250 米外的音源并主动靠近。

洛仑氏壶腹

　　洛仑氏壶腹是鲨鱼独特的感知器官，能感知微弱的电场及磁场。洛仑氏壶腹一般位于鲨鱼头部或吻部，从外侧观察是一排斑点状的体孔，内部呈细长的瓶状，充满晶状胶质，底部密布感觉细胞。

　　借由洛仑氏壶腹，鲨鱼能感知地磁场从而准确洄游注，也能在视觉、嗅觉等感知器官失效时感知猎物的生物电，从而捕获猎物。洛仑氏壶腹同时还是鲨鱼感知水温的器官。

注 洄游是鱼类运动的一种特殊形式，是一些鱼类的主动、定期、定向、集群，具有种的特点的水平移动。

档案 8

远洋旅行家

大青鲨

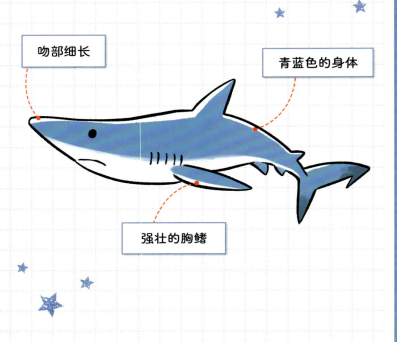

吻部细长

青蓝色的身体

强壮的胸鳍

美丽的蓝色鲨鱼

　　大青鲨有着流线型的身体，整体呈灰蓝色，不过在水下时看上去是非常晶莹的蓝色。大青鲨有着洄游的习性，常常出没在远洋海域，能进行长途洄游。

小贴士

- 分类：真鲨目 真鲨科
- 全长：4 米
- 分布：热带至温带的远洋海域
- 食物：以鱼、枪乌贼为食

大青鲨会袭击人类！

颜色

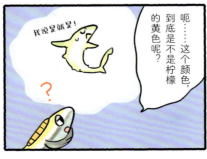

小知识 美洲及大西洋也有一种柠檬鲨，叫作短吻柠檬鲨。

圆圆的背鳍

鳍的外缘有白斑

圆圆的胸鳍

通体褐黑

长鳍真鲨

让船员害怕的鲨鱼

长鳍真鲨性格凶暴，是会主动攻击人类的大型鲨。它的背鳍和胸鳍十分发达，外缘有白色斑纹，加之生活在远洋海域，所以也被叫作远洋白鳍鲨。曾经有船只失事后，船员被长鳍真鲨袭击。

小 贴 士

- 分类：真鲨目 真鲨科
- 全长：3 米
- 分布：热带至亚热带的远洋海域上层
- 食物：以鱼、枪乌贼为食

发达的鱼鳍让它能在远洋海域随意游动。

误会（二）

听说，

你曾经袭击了落水的船员？

我吃的基本上都是落水很久、已经死去的人类呢……

偶尔可能会吃活人吧……

可怕……

误会（一）

碧波荡漾，今天的海可真漂亮啊！

的确很好看。

游来

长鳍真鲨！

但是……

盯

海这么干净，你就不能把脏脏的身体洗干净点吗？！

这是我的斑纹！

鳍肢

小知识 长鳍真鲨会根据体形大小和性别分开生活。

领地意识极强

白边真鲨

鳍的外缘有乳白色花纹

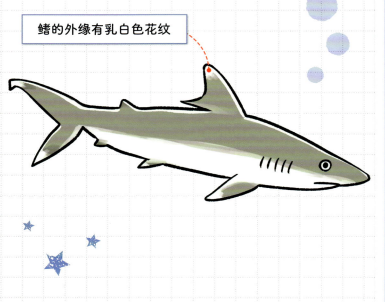

身体呈流线型

　　白边真鲨是大型鲨鱼，身体呈流线型，背鳍及其他各鳍的端部和外缘都有乳白色花纹，因此得名"白边"。白边真鲨通常栖息于浅海珊瑚礁海域，但有时也会出现在水深 800 米的深层水域。白边真鲨是以雌性为核心的群居动物，有极强的领地意识。

小贴士

- 分类：真鲨目 真鲨科
- 全长：3 米
- 分布：太平洋、印度洋的热带海域
- 食物：以鱼为食

白边真鲨受到威胁时会停在水中，摇晃身体来威吓敌人。

我的地盘

这一片都是我的地盘！

你明明很擅长游泳，怎么老待在一个地方，不去别处呢？

转圈　转圈

我是擅长游泳，但是不想去远方！

所以……

人们很容易钓到我呢！

啊——

　小知识　白边真鲨是胎生动物，一次能生下 10 条小鲨鱼！

珊瑚礁里的宠儿

乌翅真鲨

背鳍尖端为乌黑色

生活在珊瑚礁中

　　乌翅真鲨因背鳍尖端为乌黑色而得名，一般生活在太平洋至印度洋的热带海域。潜水员经常能在珊瑚礁间发现它，因此十分受潜水爱好者欢迎。乌翅真鲨性格胆小，但也曾经发生过兴奋的乌翅真鲨咬伤人类的事件。

小 贴 士

- 分类：真鲨目 真鲨科
- 全长：2 米
- 分布：太平洋至印度洋的热带海域
- 食物：以鱼为食

乌翅真鲨甚至会出现在水深仅 30 厘米的浅滩中！

受欢迎的宠儿

如果说，这片珊瑚礁里谁最受欢迎，

那肯定是我！

许多潜水员专程来一睹我的风采！

海洋馆里也能见到我的身影！

怎么样，是不是要被我迷倒了呢？

小型鲨鱼好像并没那么可怕呢……

小知识 乌翅真鲨也是胎生动物，一次能生下 2~4 条小鲨鱼。

能进入淡水水域的鲨鱼

低鳍真鲨

强壮的身体

圆吻

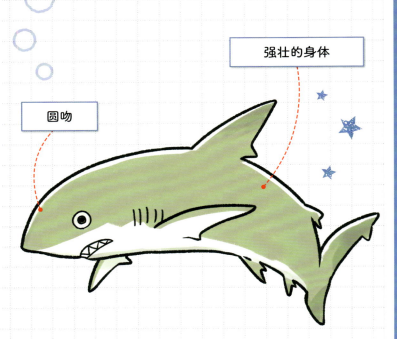

有时会出现在河里

低鳍真鲨一般生活在海洋沿岸的浅海海域，它同时也是为数不多的、能在河湖等淡水水域中生存的鲨鱼。低鳍真鲨的牙齿呈三角形，像小锯子一样整齐排列。低鳍真鲨性格凶暴，极具攻击性，曾经发生过在河道里伤人的事件。之所以也被称作"公牛鲨"，就是因为它的脾气像公牛一样暴躁易怒。

小贴士

- 分类：真鲨目 真鲨科
- 全长：3.5 米
- 分布：热带至亚热带海洋沿岸、河湖
- 食物：以鱼、海洋哺乳动物、龟等为食

低鳍真鲨的英文名是"Bull Shark（公牛鲨）"。

名字 注

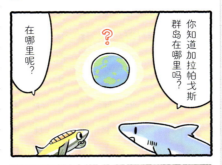

注 直翅真鲨首次被记录的地点就在加拉帕戈斯群岛周围。

小知识 直翅真鲨一次能生下 6~16 条体长 60~80 厘米的小鲨鱼。

头部像一把巨大的锤子

有时能看到它们成群结队出现在海滩

路氏双髻鲨

头部的双髻是用来控制方向的

路氏双髻鲨的头部像一把锤子，两端长有眼睛。路氏双髻鲨通过这个形状特殊的头部来控制前进的方向。路氏双髻鲨经常出现在沿岸海域，有时会几百头一起出现在海滨沙滩附近。

小贴士

- 分类：真鲨目 双髻鲨科
- 全长：4 米
- 分布：热带至温带的沿岸海域上层
- 食物：以鱼、虾、蟹为食

路氏双髻鲨一般不会主动攻击人类。

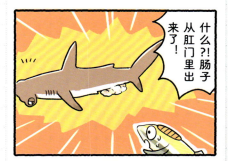

灌肠?!

海滨沙滩

什么?!肠子从肛门里出来了!

有鲨鱼!大家快上岸!

哇!哇!

这是为了洗干净肠子里的寄生虫和没消化完的食物残渣。

哇!哇!

鼬鲨?

噬人鲨?

是什么鲨鱼来了呢?

兴奋兴奋

呼——舒服了

……

好多——

居然这么多!

是我们啦。

好厉害……

居然能做到这种事情,

……

其实也不必这么戒备我们啦……

但是万一出事就不好了呢……

小知识　双髻鲨科的鲨鱼又被叫作锤头鲨。

这也是一个大锤头

窄头双髻鲨

头部像锤子又像铲子

高耸的背鳍呈镰刀状

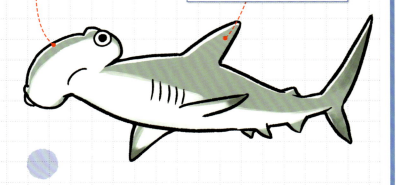

繁殖只需要雌性

　　窄头双髻鲨的头部不是特别大，看起来有点像锤子又有点像铲子。在没有雄鲨的情况下，雌性可以不用交配，独自完成繁育行为（称作孤雌生殖），一胎可以生下 4~16 条小鲨鱼。但多数情况下，窄头双髻鲨的繁育方式还是两性生殖。

小 贴 士

- 分类：真鲨目 双髻鲨科
- 全长：1.5 米
- 分布：南北美洲的温带沿岸海域
- 食物：以小鱼、虾、蟹为食

有时会形成数量巨大的群体。

锤头

那个锤头到底有什么作用呢？

是为了敲晕猎物吗？

还是可以飞起来当作翅膀用？

清醒一点！你说的那些都不可能！

小知识 这样的头部也有洛仑氏壶腹。

路氏双髻鲨

路氏双髻鲨一般生活在热带海域。头部前缘呈圆弧状，中央有凹陷处。

无沟双髻鲨

无沟双髻鲨身长能达到 6 米，一般生活在珊瑚礁附近。头部前缘呈直线状。

专栏

各种各样的双髻鲨

双髻鲨科的鲨鱼都有明显的头部特征，而不同的双髻鲨的头部也有微小的区别。

　　锤头双髻鲨在外形上与路氏双髻鲨十分相似，头部前缘也呈圆弧形。但与路氏双髻鲨不同的是，它没有中央的凹陷。

窄头双髻鲨

　　窄头双髻鲨体形较小，最大只有 1.5 米。头部呈铲状，看起来有点尖，中央没有凹陷。

生活在海底的

鲨鱼

第 2 章

好可爱！

p.056

鲨鱼也有小秘密！

p.074

圆圆的身体里藏着什么秘密？

p.088

你觉得这个像什么？

p.090

像一把锯子！

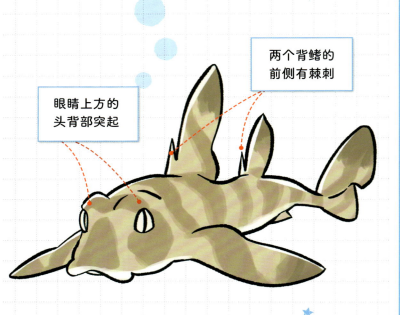

眼睛上方的
头背部突起

两个背鳍的
前侧有棘刺

卵
呈
螺
旋
状

宽纹虎鲨

卵的形状好奇怪

宽纹虎鲨生活在浅海的海底，性格温和，容易饲养，因此在许多海洋馆里都能见到它的身影。宽纹虎鲨是卵生动物，卵的形状呈螺旋状。这个特别的形状是为了让卵能固定在岩石缝隙中，卵的外壳会在固定的过程中逐渐变硬。

小贴士

- 分类：虎鲨目 虎鲨科
- 全长：1 米
- 分布：日本近海的沿岸
- 食物：以海螺、海胆、虾、蟹为食

眼睛上部的突起看起来好像猫耳朵呀。

坚韧不拔

速度

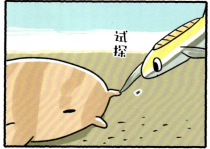

小知识　须鲨科里除了须鲨属以外，还有叶须鲨属、疣背须鲨属等。

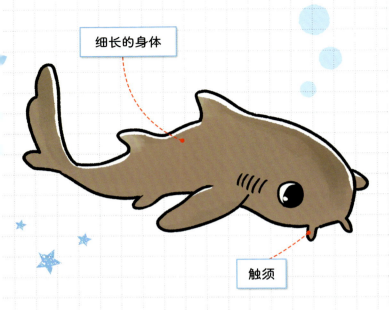

细长的身体

触须

有点像小狗

点纹斑竹鲨

（俗名：狗鲨）

生活在有珊瑚礁的浅海海底

点纹斑竹鲨是小型鲨，全长可达 1.3 米，身体细长，一般生活在有珊瑚礁的浅海海底。幼鱼时期身体有黑白条纹，长大以后不仅条纹会褪去，身体颜色也会改变。点纹斑竹鲨是卵生动物，生产时会两个两个地排卵，一次能产下几十个卵。卵上有特殊的毛丝，能缠绕住海藻，以防被水流冲走。

小贴士

- 分类：须鲨目 天竺鲨科
- 全长：1.3 米
- 分布：西太平洋至印度洋海底的珊瑚礁之间
- 食物：以鱼、虾、蟹为食

点纹斑竹鲨是夜行性动物，到了晚上就会在海底觅食。

狗狗

小知识 点纹斑竹鲨白天藏身在珊瑚礁或岩石缝中。

细长的身体

鳃裂后侧有
白边黑斑

档案 20

在海底行走的鲨鱼

斑点间须鲨

利用胸鳍行走

　　斑点间须鲨生活在巴布亚新几内亚到澳大利亚的沿岸海域。单从外观来看，斑点间须鲨与其说是鲨鱼，不如说更像鳗鱼。它能利用胸鳍和腹鳍在海底的珊瑚礁及潮池间行走，尽管行走比较费力，但这样行走更容易发现海底的贝类和蟹类。

小贴士

- 分类：须鲨目 天竺鲨科
- 全长：1 米
- 分布：巴布亚新几内亚至澳大利亚沿岸海域
- 食物：以贝、蟹为食

斑点间须鲨是夜行性动物，白天藏在珊瑚礁之中。

英语

你的英文名是什么？Tiger Shark？

那是鼬鲨！

那是 Leopard Shark 吗？

唔，这个名字一般是指半带皱唇鲨啦！

我的英文名是 Zebra Shark！

哼！

吃肉的鲨鱼取了个食草动物的名字吗？

嘿嘿

哪里像？

大家好！我叫豹纹鲨！

豹子？

我不像豹子吗？

完全看不出像豹子！

我小时候身上还有这种条纹呢！

也有人觉得像斑马……

到底是什么……

嘿嘿

小知识　豹纹鲨在有些地方也被叫作 Zebra Shark 哦。

奇怪的英文名

扁平的头部

鼻子附近有触须

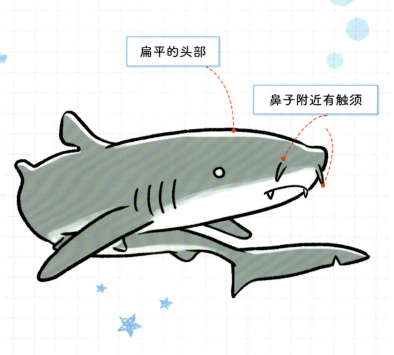

铰口鲨

把食物吸入口中

铰口鲨鼻子前的触须是非常灵敏的感觉器官。它白天休息，到了晚上就会积极觅食。铰口鲨能将藏身在岩缝中的小鱼小虾连同海水一起吸入口中，这样就能饱餐一顿了！

小贴士

- 分类：须鲨目 铰口鲨科
- 全长：3 米
- 分布：东太平洋等沿岸海域海底的岩礁、珊瑚礁周围
- 食物：以鱼、虾、蟹为食

铰口鲨的英文名是 Nurse Shark（护士鲨鱼）。

进食

其他鲨鱼的嘴巴都在下面，只有你的是在正面欸。

这是因为——

看招！

吸吸吸

这样就可以把藏在缝隙里的猎物吸出来了！

哇～

嚼 嚼

好像一台吸尘器！

小知识 据说吸入猎物的时候会发出声音。

体形巨大，但性格温驯

锥齿鲨

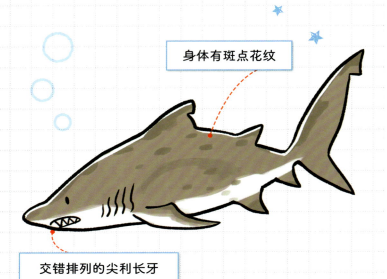

身体有斑点花纹

交错排列的尖利长牙

虽然外表看起来很可怕，其实性格很温驯

锥齿鲨的牙齿十分尖利，游泳时会露在外面，看起来十分可怕，但它的性格其实十分温驯，不故意激怒它的话，锥齿鲨不会主动发起攻击。锥齿鲨是卵胎生动物。子宫里最先发育的两条小鲨鱼会将其他的卵和小鲨鱼统统吃掉，然后在妈妈肚子里经历 9 个月的生长后才会出生。

DATA

- 分类：鲭鲨目 锥齿鲨科
- 全长：3 米
- 分布：温带沿岸的浅海海域
- 食物：以鱼、章鱼为食

有时锥齿鲨会成群结队出现。

孩子

其实我的肚子里有小宝贝了。

恭喜！

希望它们健康有活力！

嗯嗯！宝贝们非常有活力！

咬——

打架——

肚子里面

想必现在正在肚子里厮杀吧。

只有在妈妈肚子里幸存下来的胜者才能出生。

呀——呀

空气

我有超能力哟，其他鲨鱼都不会！

欸？什么样的超能力？

你看着……

等一下！让我猜猜！

！

能将牙齿射出去？

还是眼睛能发射激光？

咻——

兴奋 兴奋

实在不好意思告诉它，我能在胃里储存空气……

呃……

小知识　胃里储存的空气能帮助锥齿鲨在水里漂浮。

有着血盆大口的贪吃鬼

阴影绒毛鲨

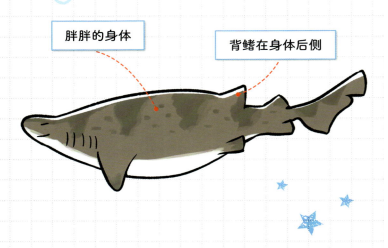

胖胖的身体

背鳍在身体后侧

身体像河豚一样可以膨胀起来

阴影绒毛鲨有着可膨胀的身体，也有巨大的嘴巴。在受到威胁时，阴影绒毛鲨能吸入大量海水，使胃膨胀起来，以此来吓退敌人。同时，身体膨胀以后它可以卡在岩石的缝隙中，让自己不被水流冲走。阴影绒毛鲨是卵生动物，一次能生下两枚鲨鱼卵。

小贴士

- 分类：真鲨目 猫鲨科
- 全长：1.2 米
- 分布：日本近海沿岸的海底
- 食物：以鱼、虾、蟹、章鱼等为食

阴影绒毛鲨一般生活在海底的岩礁或珊瑚礁附近。

气球	河豚

河豚好可爱呀!

只要像这样膨胀起来,敌人就无法把我从洞里拔出来了,因此很安全。

哇——

紧紧地

紧紧地

我能吸入水和空气让自己膨胀起来!

膨胀

敌人也会吓跑吧!

这样一来,谁也无法欺负我了!

海底也有河豚吗?

啊!小鱼!

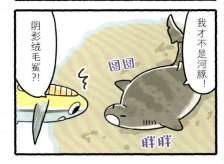

我才不是河豚!

阴影绒毛鲨?!

圆圆

胖胖

你把身体变小就能去吃鱼了呀……

好想吃呀,但是出去好危险……

去就是啦

小知识 据说阴影绒毛鲨离开水也能存活数日。

075

日本的本土鱼

原鲨

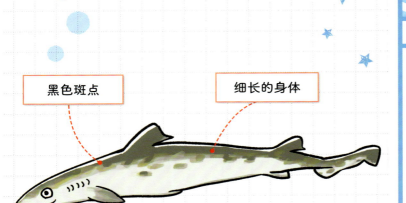

黑色斑点

细长的身体

细小的黑色斑点

　　原鲨是一种小型鲨，身体全长仅 0.65 米，一般分布在日本、韩国、越南、爪哇岛的近海海域。原鲨的特征是身体有细小的黑色斑点花纹。它们一般生活在大陆架附近，在水下 50~320 米的区域活动。

小贴士

● 分类：真鲨目 原鲨科
● 全长：0.65 米
● 分布：太平洋西北部的亚热带至温带海域
● 食物：以鱼、章鱼为食

日本的原鲨一般分布在高知县以南地区。

星星

天津四、织女星、牛郎星……这是夏季大三角注呢！

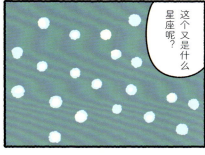

这个又是什么星座呢？

海里也有星座?!

难道是白斑星鲨座？

嗯……

我也想被用来给星座命名呢……

注 夏季大三角：在夏季的东南方高空里由天琴座的织女星、天鹅座的天津四及天鹰座的牛郎星组成的三角形。

小知识　白斑星鲨一次最多能产下 20 多条小鲨鱼！

常见的温驯鲨鱼

身体上有细密的黑色斑点

身体结实
但是较短

喷水孔

椭圆形的眼睛

皱唇鲨

生活在海底

皱唇鲨身体遍布黑色斑点，一般生活在内湾或沿岸近海较浅海域的海底泥沙中。它也能生活在汽水域（盐度介于淡水与海水之间的水域）中。皱唇鲨对温度变化的适应性较强，容易饲养，因此各个海洋馆都能见到它的身影，有机会甚至能当场摸一摸它呢。

小贴士

- 分类：真鲨目 皱唇鲨科
- 全长：1.5 米
- 分布：日本近海沿岸海域的海底
- 食物：以鱼、虾、蟹为食

皱唇鲨不会主动袭击人类。

鲨鱼本性

皱唇鲨基本不会主动袭击人类……

怡然
自得

咬住

但是会咬住面前的东西。

如果咬住鱼钩，它会剧烈挣扎！

啪嗒 啪嗒

果然本性还是很凶啊……

断 咬 哼!!

哎呀！

呼吸

咦？

悠闲

不是说鲨鱼不游泳就无法呼吸吗？

不是所有鲨鱼都是那样！

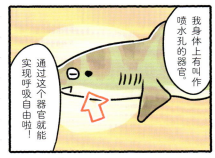

我身体上有叫作喷水孔的器官。

通过这个器官就能实现呼吸自由啦！

这个器官对于我们这些生活在海底又不怎么游动的鲨鱼来说是必不可少的。

呼

原来还有这样的鲨鱼……

小知识 皱唇鲨的繁衍期在春季，一次能产下10~20条小鲨鱼。

鱼饵

如何钓鲨鱼

鲨鱼体形较大，强壮有力，因此钓到鲨鱼是钓鱼爱好者实力的证明。那么，如何才能钓到危险的鲨鱼呢？

想钓鲨鱼，鱼饵一般是用活的小鱼或是切好的鱼肉，连同鱼钩一起甩入海底。钓鲨鱼最好的时间是每天的日出日落时分，因为这两个时间段，鲨鱼最为活跃，容易咬钩。在中国，保护名录上的三种鲨鱼（鲸鲨、姥鲨、噬人鲨）是禁止捕捞的。

假饵

　　乘船在海上钓鱼时，假饵有时会吸引到大青鲨或双髻鲨这种吃小鱼的鲨鱼。而且，有些时候本来打算钓其他鱼类，结果上钩的鱼儿却被鲨鱼吃掉了！如果有鲨鱼不小心咬钩了，那我们还是小心地将它放生吧。

海底的群居鲨鱼

吻部较短，
头较宽扁

第一背鳍和尾鳍
外缘呈白色

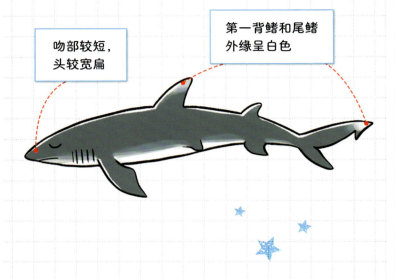

灰三齿鲨

性格温驯的鲨鱼

　　灰三齿鲨一般生活在有珊瑚礁的海底。白天它们会成群结队在岩石的缝隙或洞穴中休息，晚上则会一起觅食。它们觅食时比较粗暴，有时会将珊瑚弄坏。灰三齿鲨不会主动攻击人类，甚至人类靠近时，它还会逃跑。

小贴士

- 分类：真鲨目 真鲨科
- 全长：2 米
- 分布：太平洋西部至印度洋有珊瑚礁的海底
- 食物：以鱼、虾、蟹、章鱼等为食

灰三齿鲨能在狭窄的珊瑚礁中灵活穿梭。

集体

小知识 灰三齿鲨一动不动趴在海底时，也能呼吸自如哦。

有点像鳐鱼

日本扁鲨

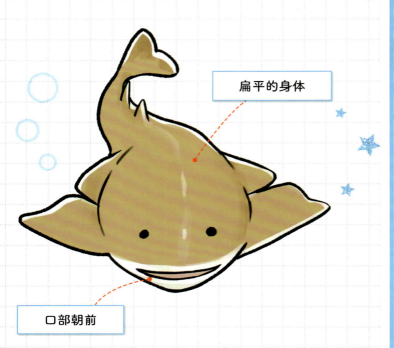

扁平的身体

口部朝前

藏在沙子下的鲨鱼

日本扁鲨的身体和鳐鱼类似，都是扁平的形状。日本扁鲨一般生活在海底，将身体藏在海底的沙石之下，只露出一对眼睛。如果有猎物经过，藏着的日本扁鲨就会一口吞掉毫无戒备的猎物。日本扁鲨有着和沙石相似的保护色，这能让它们更好地藏身。

小贴士

分类：扁鲨目 扁鲨科

全长：2 米

分布：太平洋西北部的亚热带至温带的
　　　浅海海域

食物：以鱼、章鱼、乌贼为食

日本扁鲨的口部在
身体的前侧。

鲨鱼？

天使？

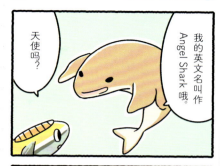

小知识　日本扁鲨可以在半秒内从沙石中跃起，突袭猎物。

『锯子』是武器

日本锯鲨

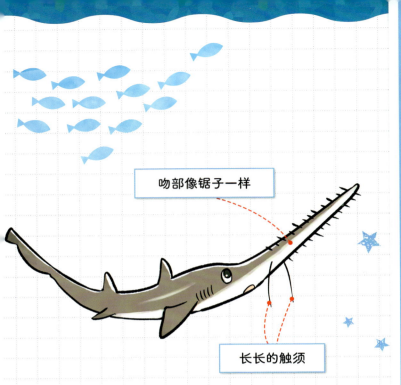

吻部像锯子一样

长长的触须

触须是非常灵敏的感觉器官

日本锯鲨是一种底栖性的小型鲨鱼，性格比较温和，白天一般在海底休息。吻部突出，呈锯子状，有两根长长的触须。触须的感觉非常敏锐，可以用来感知猎物。发现猎物后，日本锯鲨会用它的吻锯攻击猎物。

小贴士

- 分类：锯鲨目 锯鲨科
- 全长：1.5 米
- 分布：日本近海
- 食物：以鱼、虾、蟹为食

吻部借由触须来感知猎物引发的震动。

鲨鱼也有小秘密！

深海里也有猪？

眼睛好大！身体好小！

背鳍前侧有棘刺！

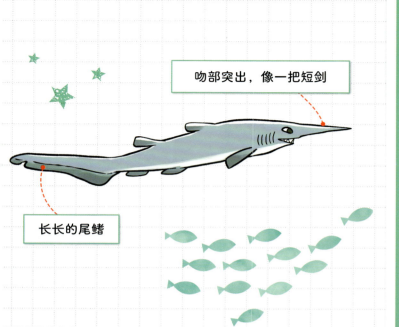

吻部突出，像一把短剑

长长的尾鳍

欧氏剑吻鲨

突出的吻部有洛仑氏壶腹

欧氏剑吻鲨的特征就是它突出的吻部，那里有洛仑氏壶腹，可以感知猎物。在觅食时，它的颌部可以向前伸出，用尖利的牙齿咬住猎物。虽然欧氏剑吻鲨十分受欢迎，但饲养难度极高，因此很难在海洋馆里看到它的身影……

小贴士

欧氏剑吻鲨曾在东京湾被捕获过。

- 分类：鲭鲨目 剑吻鲨科
- 全长：3.5 米
- 分布：深海海域
- 食物：以鱼、章鱼为食

突然袭击

哥布林注鲨

第 **3** 章

深海里的**鲨**鱼

注
哥布林是西方奇幻传说中的一种类人生物，性格贪婪、暴庚。

097

小知识　深海鲨的肝脏一般都很大。

巨大的嘴

巨口鲨

脑袋又大又圆

嘴巴特别大

以浮游生物为食

　　巨口鲨，顾名思义，拥有巨大的嘴巴。同时，它也有着巨大的身体，全长可达 7 米。但是，这么一个庞然大物，吃的却是微小的浮游生物。进食时，它只需要张大嘴巴游泳，过滤海水，一天就可以吃掉数万到数百万的浮游生物。白天巨口鲨在深海休息，晚上则会浮到水面上来。

小贴士

- 分类：鲭鲨目 巨口鲨科
- 全长：7 米
- 分布：热带至温带的深海海域
- 食物：以浮游动物为食

巨口鲨喉部的皮肤可以像橡胶一样延展。

098

这样真的好吗 ?!

嗯嗯！

人类总是通过第一印象来进行判断。

正是这样！

如果二者相似，很容易就把它们归为一类。

所以被叫作伊氏锯尾鲨。

确实，我的尾巴很像锯子……锯尾鲨。

那也没有办法……

生气！！

但是我这样真的好吗 ?! 我不喜欢！

小知识 伊氏锯尾鲨是卵生动物，一次能产下两枚卵。

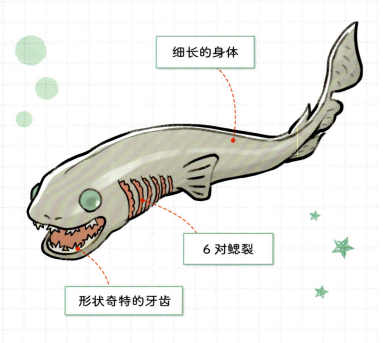

细长的身体

6 对鳃裂

形状奇特的牙齿

皱鳃鲨

像鳗鱼一样弯曲细长的身体

皱鳃鲨的身体细长，游动时类似鳗鱼一样扭动身体。口在头前部，能张大嘴巴吞下猎物。牙齿与古代鲨鱼类似，每颗牙齿有 3 个尖端。因为其特征与远古时代的鲨鱼类似，所以皱鳃鲨又被称作"活化石"。

小贴士

- 分类：六鳃鲨目 皱鳃鲨科
- 全长：1.5 米
- 分布：所有深海海域
- 食物：以鱼、乌贼为食

拖网捕捞时偶尔能捞到皱鳃鲨。

鲨鱼皮

化石

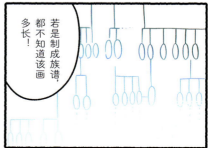

小知识 皱鳃鲨是卵胎生动物，一次妊娠长达 2~3 年之久哦！

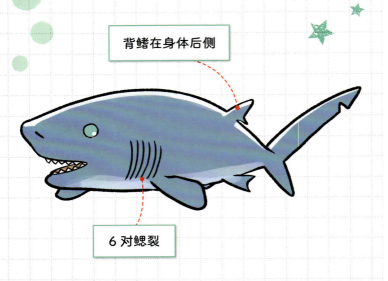

背鳍在身体后侧

6 对鳃裂

和古鲨鱼相似，有 6 对鳃裂

灰六鳃鲨

重达 700 千克的大型深海鲨鱼

鲨鱼一般是 5 对鳃裂，而灰六鳃鲨则和古鲨鱼类似，有 6 对鳃裂，也因此得名六鳃鲨。灰六鳃鲨全长 5 米，体重可达 700 千克，是大型深海鲨鱼。牙齿呈锯齿状，有时会咬断海底电缆。

小 贴 士

- 分类：六鳃鲨目 六鳃鲨科
- 全长：5 米
- 分布：所有深海海域
- 食物：以鱼、鲸尸为食

灰六鳃鲨会在晚上上浮到水深 30 米左右的区域觅食。

海底电缆

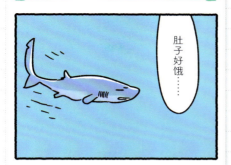

肚子好饿……

这是什么东西？

好难吃！

人类又放这种东西在这里……

至少也放点好吃的吧！比如鲸鱼尸体之类的……

换换口味

啊，到晚上了！

去上面吃点东西吧。

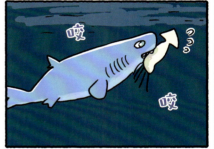

啊，天亮了！

去下面吃点东西吧。

小知识 据说在深海调查时，人们发现了正在吃鲸鱼尸体的灰六鳃鲨。

会发光的鲨鱼

亮乌鲨

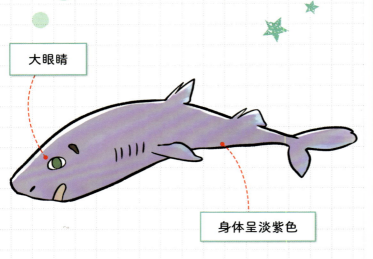

大眼睛

身体呈淡紫色

美丽的淡紫色鲨鱼

亮乌鲨是一种小型鲨鱼，全长 0.5 米，活着的时候身体呈淡紫色。之所以叫乌鲨，是因为亮乌鲨死去后，紫色的身体会变成乌黑色。

小贴士

- 分类：角鲨目 乌鲨科
- 全长：0.5 米
- 分布：西太平洋深海海域
- 食物：以鱼为食

身体侧面有发光器官！

亮乌鲨

为什么叫乌鲨呢？

明明是紫色的，

呃……

因为会发光，所以叫「亮」乌鲨。这个我明白。那么，「乌」呢？

因为？

那是因为……

因为我死掉就变乌黑了！

淡紫色

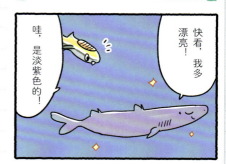

快看，我多漂亮！

哇，是淡紫色的！

这美丽的紫色正是我的特征。

嘻嘻

确实很漂亮呢！

淡紫色

但是为什么叫乌鲨呢？「乌」不是黑色吗？

慌张

？

109 **小知识** 大眼睛是大多数深海鱼的共同特征。

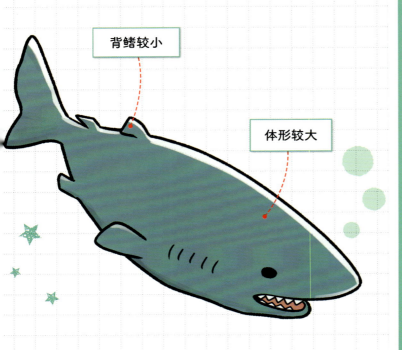

背鳍较小

体形较大

能活 400 岁的长寿鲨鱼

小头睡鲨

居住在北极及格陵兰岛

　　小头睡鲨一般指格陵兰睡鲨，生活在寒冷的北冰洋。它是目前已知最长寿的鲨鱼，平均寿命是 270 岁，而最长寿的小头睡鲨估计已经有 400 岁了。学者猜测，正是因为它们在寒冷的海水中生活，身体成长速度变慢了，所以才拥有这么长的寿命。

小贴士

- 分类：角鲨目 睡鲨科
- 全长：7 米
- 分布：北冰洋
- 食物：以鱼、海洋哺乳动物为食

小头睡鲨会吃海豹！

110

迟钝

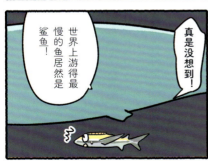

庞然大物

小知识　小头睡鲨的肉具有毒性，这在鲨鱼中十分罕见。

罕见的深海鲨鱼

日本尖背角鲨

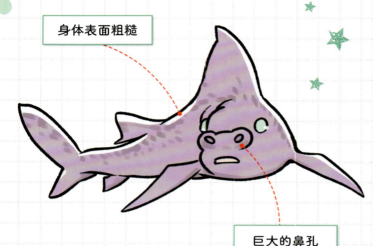

身体表面粗糙

巨大的鼻孔

鼻子像猪一样

日本尖背角鲨是十分罕见的鲨鱼。它的体态浑圆，宽大的吻鼻部酷似猪鼻，因而又被称作猪鱼。日本尖背角鲨的皮肤粗糙，这也正是鲨鱼皮的特征。

小 贴 士

- 分类：角鲨目 尖背角鲨科
- 全长：0.65 米
- 分布：日本南部、琉球群岛的深海海域
- 食物：不明

在日本的骏河湾和相模湾，曾捕获过日本尖背角鲨。

112

尊重

这样呀。

我们其实十分罕见呢！

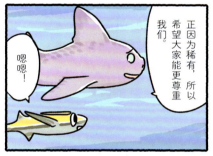

嗯嗯！

正因为稀有，所以希望大家能更尊重我们。

你的鼻子好独特，像猪鼻子一样，不敢相信！

喂！

真是的，注意一下你的用词！

擦泥器

人类好像会用鲨鱼皮给白萝卜或芥末擦泥呢。

知道啦？

难道说你的皮……

←芥末

磨磨磨磨磨

你的皮可以用来擦泥！

咔十

厉害吧！

虽然可以擦泥，但一般的擦泥器是用其他鲨鱼的皮做的。

呵呵呵……

小知识 一般用来制作擦泥器的鲨鱼皮是日本扁鲨的皮。

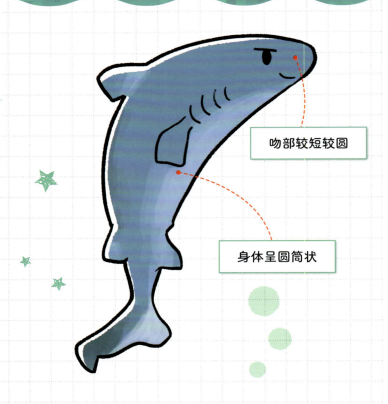

吻部较短较圆

身体呈圆筒状

铠鲨

眼睛较大，身体坚硬

　　铠鲨的特征是它的大眼睛和又短又圆的吻部。铠鲨身体坚硬，皮肤粗糙，故而得名。它能产出优质的鱼肝油，因此渔民喜欢捕捞铠鲨。铠鲨咬合力惊人，即便面对体形比自己大的鱼类，也能咬下对方的肉来吃。

小贴士

- 分类：角鲨目 铠鲨科
- 全长：1.5 米
- 分布：所有深海海域
- 食物：以鱼为食

铠鲨腹部有发光器，是已知最大的发光生物。

114

粗糙

看这漆黑的身体，一定是铠鲨殿下。

正是在下。

恭敬

望您恩准我抚摸您的身体。

哼！

哼，一般生物哪怕只是碰一下我，

悄悄

都会遍体鳞伤。

呀！被粗糙的皮肤划伤了！

冷笑

小知识　铠鲨和格陵兰睡鲨长相很相似。

咬出圆洞形的伤口

巴西达摩鲨

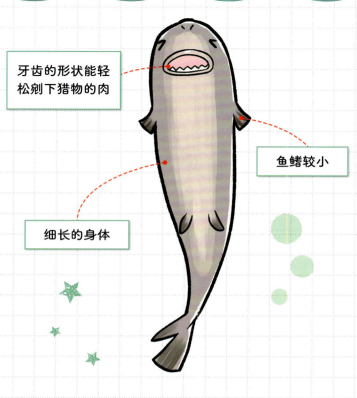

牙齿的形状能轻松剜下猎物的肉

鱼鳍较小

细长的身体

从大型猎物的身体上咬下肉来吃

巴西达摩鲨是一种小型鲨。它的捕食方式非常独特，是通过咬住比自己体形还大的海洋哺乳动物或大型鱼类，并不断扭动身体来剜下猎物的肉。猎物被咬伤后会留下圆洞形的伤口。巴西达摩鲨一般生活在水深 80~3500 米的区域。

小贴士

- 分类：角鲨目 铠鲨科
- 全长：0.5 米
- 分布：所有深海海域
- 食物：以鲸、海豚、大型鱼类为食

在昏暗的地方，巴西达摩鲨腹部的发光器官就会发出绿光！

116

梅开二度

模具

小知识　巴西达摩鲨也叫雪茄达摩鲨，因为它在猎物身上留下的咬痕，像是被雪茄烫出来的形状。

世界上最小的鲨鱼

阿里小角鲨

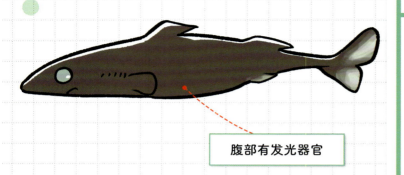

腹部有发光器官

腹部有发光器官

阿里小角鲨全长 0.24 米。白天，它一般待在水深 2000 米左右的深海，到了晚上就会上浮至水深 150 米左右的区域。阿里小角鲨的腹部有发光器官。研究人员认为，阿里小角鲨一般以小鱼、乌贼、虾类为食。

小 贴 士

- 分类：角鲨目 铠鲨科
- 全长：0.24 米
- 分布：日本至澳大利亚的深海海域
- 食物：以小鱼、乌贼、虾类为食

1958 年，阿里小角鲨第一次被人们发现。

收获

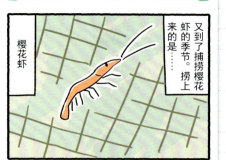

又到了捕捞樱花虾的季节。捞上来的是……

樱花虾

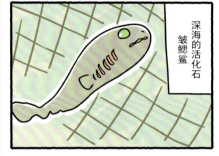

深海的活化石
皱鳃鲨

世界上最小的鲨鱼
阿里小角鲨

身体庞大的
巨口鲨

这艘渔船到底是来捞什么的……

放回

最小

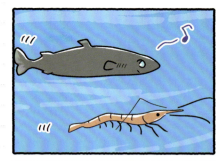

好小一只呀！
你也是鲨鱼吗？

正因如此，人类才很难发现我呢。

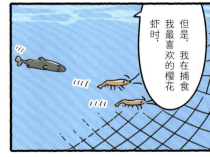

但是，我在捕食我最喜欢的樱花虾时，

偶尔也会跟它们一起被捞走呢！

拜拜！

小知识　樱花虾会根据昼夜变化在深海和浅海间移动。

大眼睛

能在深海看清东西

宽尾小角鲨

拥有一双大眼睛

宽尾小角鲨全长不到 0.3 米，身体呈纺锤状，腹部有发光器官。宽尾小角鲨一般生活在大陆架坡附近，水深 200~1200 米的深海都能找到它的踪迹。它的大眼睛即便在昏暗的深海中也能清楚视物。

小贴士

- 分类：角鲨目 铠鲨科
- 全长：0.28 米
- 分布：太平洋西北部、印度洋西部、大西洋等海洋的深海海域
- 食物：以鱼为食

第一背鳍前端有棘刺。

120

发光

在深海里，

腹部的发光器官就会亮起。

亮起

腹部

喂！那边的鱼！

发呆……

还能换颜色的吗？！

溜走

为了不被找到，换个颜色。

厚岸

特征

大大的眼睛，

小小的身体，

还会发光！

倒是非常符合深海鱼的特征呢。

小知识 宽尾小角鲨会通过发出与周遭环境类似的光来隐藏自己。

鱼肝油的来源

黑缘刺鲨

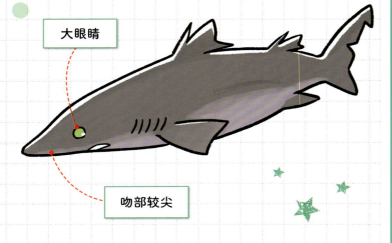

大眼睛

吻部较尖

在日本被大量捕捞的鲨鱼

　　鲨鱼、鳐鱼等软骨鱼目的鱼类因为没有鱼鳔，所以肝脏会储藏许多比水轻的油脂来提升浮力，这些油脂就是我们平时常说的鱼肝油，它也是保健品及化妆品的重要原材料。鱼肝油最重要的来源就是刺鲨。

小贴士

- 分类：角鲨目 刺鲨科
- 全长：1米
- 分布：日本近海的深海海域
- 食物：以鱼、章鱼、虾、蟹为食

鱼肝油里有一种叫作角鲨烷的物质。

122

线条

小知识 日本角鲨曾在东京湾被捕获。

远古时代的 鲨鱼[注]

p.130

这口牙齿也
太大了！

注 本章节介绍的"鲨鱼"并非全部为狭义定义的鲨鱼（仅包含
鲨总目名下鲨鱼），而是广义定义的鲨鱼（指软骨鱼类）。

鲨鱼也有小秘密！

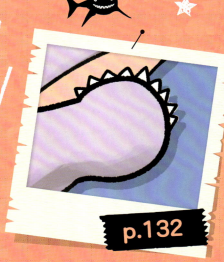

p.132

这是身体的哪个部位呢？

p.142

好大的嘴巴呀！

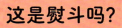

p.144

这是熨斗吗？

远古时代的海洋霸主

巨齿鲨

巨大的身体

牙齿呈三角形

远古时代最大的鲨鱼

巨齿鲨的历史可以追溯到 2303 万年前 ~258 万年前。巨齿鲨的体形大约是噬人鲨的 3 倍，一般以鲸类为食，据说它的咬合力甚至超过了霸王龙，可以很轻松地咬断鲸鱼的肋骨，可以说是远古时代海洋里霸主级别的生物了。

小贴士

- 分类：鲭鲨目 耳齿鲨科
- 全长：推测为 18 米
- 分布：全世界
- 食物：鲸类等海洋哺乳动物

巨齿鲨的大小和现在的鲸鲨差不多。

最强

不愧是最强鲨鱼巨齿鲨！真的好大！

牙齿化石都有14厘米大小！

比噬人鲨的牙齿大了一倍多！

不过，因为目前并没有发现巨齿鲨的完整脊椎骨骼化石，因此难以推测出正确的身长呢……

？

难怪你一直没有露出身子来！

想看到我的全貌，还请多多研究吧！

小知识 目前发现的巨齿鲨化石有牙齿化石、头部化石和部分脊椎化石。

下颚的牙齿呈螺旋状排列

旋齿鲨

生活在二叠纪前期的奇特鲨鱼

研究人员推测，旋齿鲨是生活在二叠纪（约 2 亿 9890 万年前 ~2 亿 5190 万年前）前期的鲨鱼。考古人员曾发现它螺旋状的牙齿化石。

小贴士

- 分类：尤金齿目 旋齿鲨科
- 全长：推测为 4 米
- 分布：北美、挪威、俄罗斯及亚洲等地
- 食物：菊石等硬壳生物

旋齿鲨的身长大约为 4 米。

132

第 **4** 章

远古时代的**鲨鱼**

化石

模拟还原图 1

模拟还原图 2

旋转

小知识 牙齿呈螺旋状排列，外径约 40 厘米。

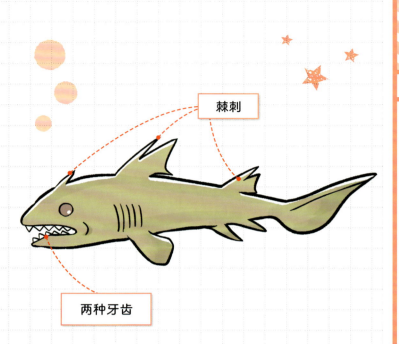

棘刺

两种牙齿

弓鲛

横跨两个纪元的存在

研究人员推测，弓鲛是生活在二叠纪至侏罗纪（2 亿 9890 万年前 ~1 亿 4500 万年前）的软骨鱼。背鳍和头上侧有棘刺。牙齿分为两种，前侧尖利，用于咬住猎物；后侧能咀嚼，可以磨碎骨头或甲壳。

小贴士

- 分类：弓鲛目 弓鲛科
- 全长：推测为 2~2.5 米
- 分布：全世界
- 食物：以鱼、贝、虾、蟹为食

据说它们十分凶暴。

134

食物

小知识 目前已经发现了弓鲛的牙齿化石和背鳍棘化石。

最原始的软骨鱼

裂口鲨

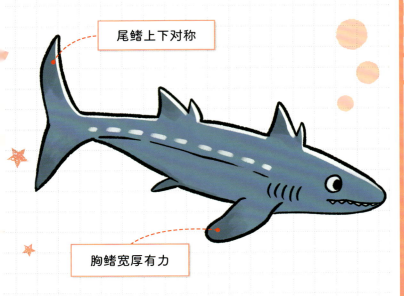

尾鳍上下对称

胸鳍宽厚有力

生活在泥盆纪后期

　　研究人员推测，裂口鲨生活在泥盆纪后期（大约 3 亿 7000 万年前）。软骨鱼的尾鳍一般上下不对称，但裂口鲨的尾鳍是上下对称的。目前发现了许多裂口鲨的化石，然而其中并没有类似生殖器的部分，因此研究人员推测已有的化石全部为雌性个体。

小 贴 士

 分类：裂口鲨目 裂口鲨科
 全长：推测为 1 米
分布：美洲
食物：鱼类、甲壳类等

裂口鲨的嘴巴能张开到惊人大小！

古老

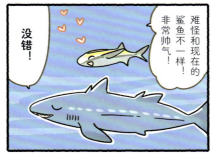

第 **4** 章

远古时代的**鲨鱼**

137　**小知识**　裂口鲨的最完整化石发现于美洲。

尖利的牙齿

白垩尖吻鲨

以蛇颈龙为食

　　研究人员推测，白垩尖吻鲨生活在白垩纪（1 亿 4500 万年前 ~6600 万年前）。白垩尖吻鲨是当时海洋食物链的顶层生物，以蛇颈龙、沧龙为食，考古人员甚至曾在其他动物的骨骼化石里发现了白垩尖吻鲨的牙齿化石。

小贴士

- 分类：鲭鲨目 尖吻鲨科
- 全长：推测为 6 米
- 分布：北美洲、巴西、欧洲、亚洲等地
- 食物：海生爬行动物、鱼类等

因为生活在白垩纪，所以名字里有"白垩"。

强大

白垩尖吻鲨！

本大爷就是白垩纪最强鲨鱼！

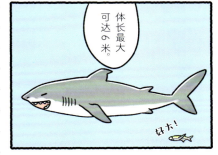

体长最大可达 6 米。

好大！

在白垩纪，全世界的海里都有我的身影！

即便是这么厉害的鲨鱼也灭绝了啊……

骄傲

小知识 现在发现的白垩尖吻鲨的牙齿化石，最大的长达 7 厘米。

紧密排列的牙齿

翼柱头鱼

以双壳纲的贝类为食

研究人员推测，翼柱头鱼生活在白垩纪，口腔内牙齿紧密排列。这些牙齿并非呈锐利的三角形，而是由如瓦片般交叠突起的磨面构成。通过这种形状奇特的牙齿，翼柱头鱼能轻松咬碎双壳纲的贝壳。

小 贴 士

- 分类：弓鲛目 翼柱头鱼科
- 全长：推测为 1 米
- 分布：美洲、日本等地
- 食物：以双壳纲为食

牙齿的形状像玉米的颗粒。

140

贝壳杀手

小知识 弓鲛目生物中，体形最大的长达 10 米。

和巨口鲨十分相似

拟巨口鲨

牙齿细密

以浮游生物为食

拟巨口鲨生活在白垩纪中期。从外表看，拟巨口鲨与巨口鲨极为相似，但从血缘关系上来说，二者并不是近亲。不过，与巨口鲨相同的是，它们都喜欢张大嘴巴在海里游泳，过滤海水，捕食其中的浮游生物。

小 贴 士

- 分类：鲭鲨目 锥齿鲨科
- 全长：推测为 5.5 米
- 分布：俄罗斯、美洲等地
- 食物：以浮游生物为食

从名字就可以看出它不是巨口鲨啦！

真假巨口鲨

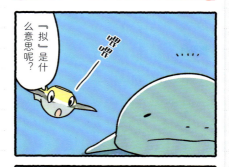

小知识 这是人类发现的最早捕食浮游生物的鲨鱼。

背鳍像熨斗一样平整

胸脊鲨
（砧形背鲨）

生活在石炭纪的鲨鱼

研究人员推测，胸脊鲨生活在石炭纪（约 3 亿 5890 万年前 ~2 亿 9890 万年前）。它的背鳍发达，像熨斗一样平整，上面还有许多棘刺。胸脊鲨游泳速度不快，专家推测它以动物尸体或海底无脊椎动物为食。

小贴士

- 分类：西莫利鲨目 胸脊鲨科
- 全长：推测为 0.6 米
- 分布：英国
- 食物：以动物死尸、无脊椎动物为食

"砧形背鲨"这个别名的由来是因为它的背部像铁砧^注一样。

注 铁砧：中国古代铁匠铺里，锤砸东西时垫在底下的器具。

为什么

熨斗

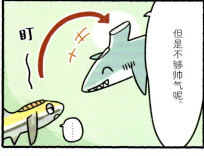

小知识 目前我们还不知道胸脊鲨这奇怪背鳍的作用。

我们可不是鲨鱼

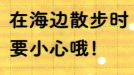

第 5 章

在海边散步时要小心哦!

p.156

鲨鱼也有小秘密！??

p.160

这个橙色真漂亮！

p.162

这是……鱼鳍？

p.164

好奇怪的鱼鳍！

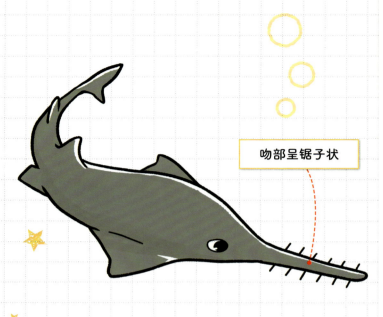

吻部呈锯子状

大齿锯鳐

用长长的锯状吻部翻动海底沙石

　　锯鳐和锯鲨的外形极为相似，但它们是完全不同的两个类群。锯鳐的鳃裂在腹部，吻部没有触须，身长可达 6.5 米，这些特征都说明了锯鳐和锯鲨的不同。锯鳐会使用吻锯攻击猎物。

小贴士

- 分类：犁头鳐目 锯鳐科
- 全长：6.5 米
- 分布：印度洋、太平洋沿岸至淡水水域的沙石海底
- 食物：以鱼、底栖生物为食

它的"锯子"里也有洛仑氏壶腹。

148

锯子

挥动
挥动

你的身体比锯鲨大那么多，不过锯子的使用方法倒是一样呢！

但是我的锯子更大更强呦！

骄傲

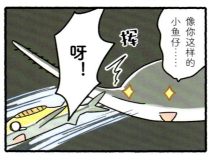

像你这样的小鱼仔……

呀！

挥

小知识 锯鳐的"锯子"上均匀排列着锯齿。

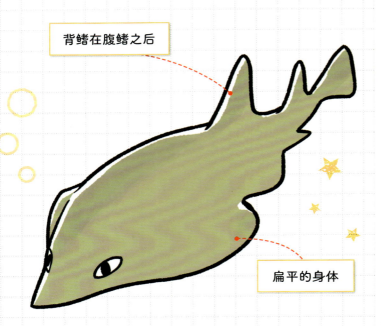

背鳍在腹鳍之后

扁平的身体

鲨鱼？鳐鱼？

许氏犁头鳐

一半是鳐鱼，一半是鲨鱼？

许氏犁头鳐身体前半部分有鳐鱼的特征，而身体后半部分则类似鲨鱼，外观看起来像是犁头装在扁平的身体上一样。它的鳃裂在腹部，这和其他鳐鱼一样。捕食时，它会将身体卧在沙石中，等待放松警惕的猎物靠近。

小贴士

- 分类：犁头鳐目 犁头鳐科
- 全长：1 米
- 分布：日本南部至澳大利亚沿岸海域
- 食物：以鱼、虾、蟹、章鱼为食

它的英文名是 Guitarfish（吉他鱼）。

鲨鱼？鲾鱼？

我就是鲾鱼！

藏到沙石里？和鲾鱼的习性一样！

"Sand Shark"

但是你的英文名叫作鲨鱼欸！

我真的是鲾鱼！

你的鳃裂肯定在身体两侧……

咦！没有！

是吧！说了是鲾鱼。

好烦啊！那你不要叫『Shark』呀！

所以说我真的是鲾鱼！

Sand Shark 和 Guitarfish 均为许氏犁头鲾的英文名。

小知识 鱼肉可以加工成鱼糕、鱼饼等产品。

能
放
电

日本单鳍电鳐

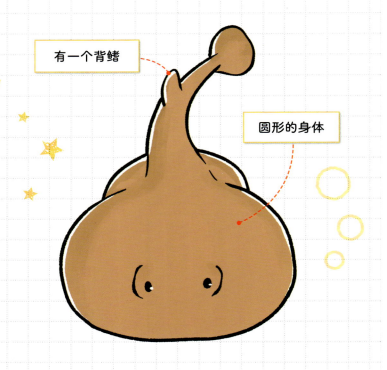

有一个背鳍

圆形的身体

放出的电压可达 30~80 伏特

　　日本单鳍电鳐体内有特殊的细胞，受刺激的时候能释放电流。日本单鳍电鳐一般生活在浅海的沙石海底，通过放电使猎物麻痹或昏迷后捕食。日本单鳍电鳐可放出的电压最高可达 80 伏特，同时这些电流还可以充当雷达侦测环境。

小贴士

🔸 分类：电鳐目 电鳐科

🔸 全长：0.4 米

🔸 分布：日本南部以及亚洲东部沿岸

🔸 食物：以鱼、底栖生物为食

日本单鳍电鳐可以通过放电来搜寻、定位猎物。

电击

小知识 日本单鳍电鳐的近亲东京电鳐有两个背鳍。

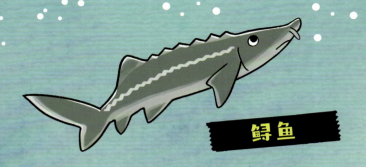

鲟鱼

鲟鱼身体表面覆盖着坚硬的鳞片，口部附近有触须，触须可以探知猎物。鲟鱼的外表类似鲨鱼，但它并不是鲨鱼的近亲，而是软骨硬鳞鱼。鲟鱼卵可以制成美味的鱼子酱。

- 鲟科 ● 全长 1.2 米 ● 分布于日本北部沿岸海域及河流
- 肉食动物

长丝巨鲶

长丝巨鲶在中国为国家一级保护动物。它有着长长的背鳍和流线型的身体，和鲨鱼极其相似。长丝巨鲶主要分布于东南亚地区的河流中。长丝巨鲶作为热带观赏鱼很受饲养爱好者欢迎，但它的生长速度极快，一年可长大 60 厘米左右，最大可达 2 米，因此需要注意饲养方法。

- 巨鲶科 ● 全长 2 米 ● 东南亚地区的河流 ● 肉食动物

有些鱼类和鲨鱼极其类似，却又不是鲨鱼的近亲。到底有哪些呢？来看看吧。

须唇角鱼（彩虹鲨）

须唇角鱼的身体和鱼鳍极其类似鲨鱼。身体呈黑色，鱼鳍则呈橘红色。须唇角鱼极具攻击性，经常攻击其他鱼类。

- 鲤科
- 全长 0.1 米
- 泰国的河流湖泊
- 以昆虫、浮游植物为食

鲫鱼

鲫鱼头部有鞋印状的吸盘，能吸附在大型鱼类身上，跟随其一起移动，并以它们吃剩的猎物为食。

鲫鱼是鲈形目鲫科的硬骨鱼。

- 鲫科
- 全长 1 米
- 日本沿岸海域
- 肉食动物

毒刺非常危险

赤魟

尾部长有毒刺

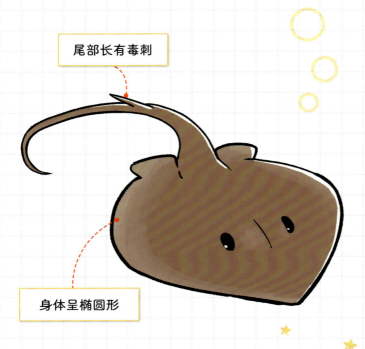

身体呈椭圆形

椭圆的身体

赤魟一般生活在浅海的沙石海底，身体扁平，背部呈赤褐色，腹部则为白色。尾巴较长，有毒刺。被赤魟的毒刺刺中的猎物有剧烈疼痛感，严重时可致死。

小贴士

- 分类：鲼形目 魟科
- 全长：1.5 米
- 分布：日本南部等海域的海底
- 食物：以鱼、虾、蟹、章鱼等为食

它有时会被海浪冲上沙滩。

156

排雷	地雷

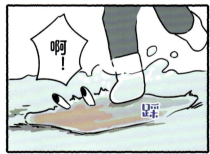

注 潮间带：指平均最高潮位和最低潮位间的海岸。

小知识 鳐鱼的鱼鳍可以吃。

尾巴上
有棘刺

突出

多鳞沙粒魟

巨大的淡水鱼

多鳞沙粒魟生活在泰国的河流里。它是大型魟鱼，全长 4 米，宽 2 米，体重可达 350 千克。它一般在河床生活，以小鱼、蟹为食。受到威胁时，多鳞沙粒魟会挥动巨大的尾巴保护自己。它的尾巴不仅长有棘刺，刺上还有毒素。

小贴士

- 分类：鲼形目 魟科
- 全长：4 米
- 分布：泰国的河流
- 食物：以鱼、蟹为食

多鳞沙粒魟的体形格外大！

158

河流之主

最近人类突然流行起钓我了……

钓这么大的鱼吗？

你看，他们喜欢拍这种照片来炫耀呢！

确实很有气势！

我们绝对不能输给人类！

加油！

但是，我们的数量还是越来越少……希望人类能适可而止呢……

禁止滥捕滥捞！禁止！

巨大的鱼

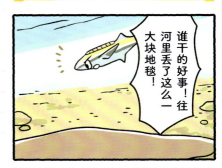

谁干的好事！往河里丢了这么一大块地毯！

喂喂！我可不是地毯！

好大！

?!

我一直生活在泰国的河流里，很喜欢湄南河这样的大河。

太小的河流住起来应该不太舒服吧……

呃………………

小知识　多鳞沙粒魟被列入了世界自然保护联盟濒危物种。

美丽的淡水鳐鱼

南美江魟

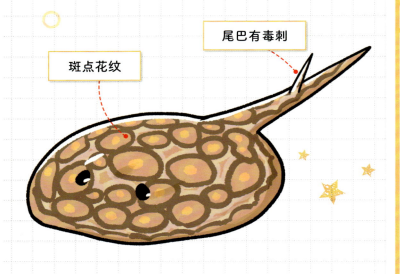

尾巴有毒刺

斑点花纹

生活在亚马孙河

　　南美江魟是可供观赏饲养的淡水鳐鱼，一般生活在亚马孙河流域。它和在海里生活的鳐鱼一样，尾巴有毒刺，人类被刺中后会感到剧痛。南美江魟身体呈圆形，有着艳丽的橙色斑点花纹，十分美丽。

小贴士

- 分类：鲼形目 江魟科
- 全长：0.5 米
- 分布：南美洲亚马孙河流域
- 食物：以鱼为食

南美江魟是美丽的淡水鱼，因此适合饲养。

160

鳐鱼的饲养

因为我很漂亮，所以人们很喜欢把我们当观赏鱼养起来哦！

哇——

如果想饲养我，请先准备一个巨大的鱼缸！

180CM

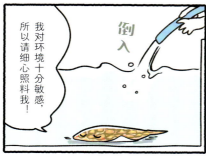

我对环境十分敏感，所以请细心照料我！

倒入

虽然很麻烦……但是太漂亮了！

我也想养！

亚马孙

亚马孙河有许多淡水鳐鱼。

其中最受人们喜爱的是……

?

是我！南美江魟！

这就是所谓「好看的玫瑰都是带刺的」吗？

小知识 如果将雄鱼和雌鱼一起饲养，说不定还能产下小宝宝呢！

巨大的海水鳐鱼

双吻前口蝠鲼

巨大的身体

头侧有特殊的头鳍

身宽可达 9 米

　　双吻前口蝠鲼身体极大，最大身宽可达 9 米。科学家们原以为蝠鲼仅一个物种，经过调查后发现有阿氏前口蝠鲼和双吻前口蝠鲼两个物种。一般鳐鱼的口在腹部，而前口蝠鲼的口则朝身体前侧。巨大的体形和美丽的泳姿使它深受潜水爱好者的喜爱。

小贴士

- 分类：鲼形目 鲼科
- 全长：5 米
- 分布：全球沿岸的上中层海域
- 食物：以浮游动物为食

蝠鲼的英文名"Manta"起源于西班牙语。

162

物种

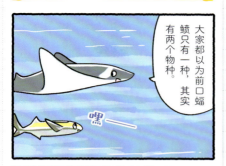

大家都以为前口蝠鲼只有一种，其实有两个物种。

嘿

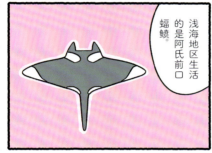

浅海地区生活的是阿氏前口蝠鲼。

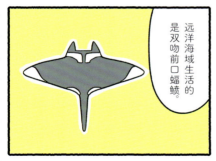

远洋海域生活的是双吻前口蝠鲼。

看出我们的区别了吗？

嗯？你是哪一种呢……

鲨鱼与鳐鱼

鲨鱼和鳐鱼在分类上属于近亲。

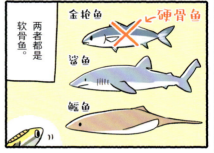

两者都是软骨鱼。

金枪鱼

硬骨鱼

鲨鱼

鳐鱼

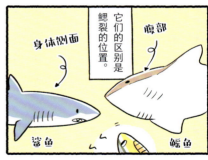

它们的区别是鳃裂的位置。

身体侧面

腹部

鲨鱼

鳐鱼

咦，我的鳃裂在哪里呢？

慌张

小知识 蝠鲼用头鳍将浮游生物聚集在一起送入口中。

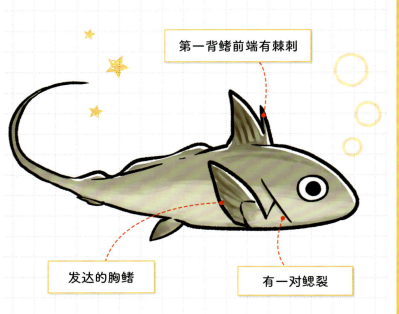

第一背鳍前端有棘刺

发达的胸鳍

有一对鳃裂

黑线银鲛

鳃裂只有一对

黑线银鲛没有鱼鳞，上颚和头骨紧密连接（现代鲨鱼的头骨和上颚是分离的）。胸鳍十分发达，能直接用胸鳍游泳。前侧背鳍有棘刺。黑线银鲛与鲨鱼、鳐鱼不同，鳃裂只有一对。

小贴士

- 分类：银鲛目 银鲛科
- 全长：1 米
- 分布：除琉球群岛外的日本各地，生活在水深 700 米的海底
- 食物：以底栖生物为食

黑线银鲛是深海鱼。

注：黑线银鲛体表为银色，与鲨鱼有许多相似之处。

近亲

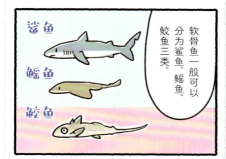

软骨鱼一般可以分为鲨鱼、鳐鱼、鲛鱼三类。

鲨鱼
鳐鱼
鲛鱼

那你和我不是同一类吗？

对啊。你是硬骨鱼啊。

什么！我不是鲨鱼吗？不是软骨鱼吗？

你只是外表像鲨鱼啊……

我一直以为自己是鲨鱼……

啊……

胸鳍

你看起来完全不像鲨鱼呢！

我本身就不是鲨鱼呀。

游泳的时候是靠胸鳍。

身体的形态也不一样。

噬人鲨

黑线银鲛

那为什么你的英文名是「Silver Shark」呢？

Silver Shark（注）

我也不知道……

小知识　部分鲛鱼在交尾时会洄游到浅滩。

想和鲨鱼见面吗?

和鲨鱼来一次约会

想见到鲨鱼……

海洋馆

潜水

钓鲨鱼 注

注 钓鲨鱼时应遵守所在地相关法律规定，如将涉保物种及时放归等。

方法很多！大家可以勇敢尝试！

也记得来看我呀！

166

海洋馆·潜水

怎样才能近距离接触鲨鱼呢？

去海洋馆是个不错的方法。很多地方都有海洋馆，里面饲养着各种鲨鱼，甚至有鲸鲨。

如果想接触自然状态下的鲨鱼，那么可以尝试潜水或自由潜泳。一些观光景点有专门观赏鲸鲨的旅游项目，也可以见到许多其他种类的鲨鱼。

购买鲨鱼

如果你想饲养鲨鱼，那么可以去专门的店铺购买观赏用的鲨鱼。在那里，你可以买到皱唇鲨或点纹斑竹鲨的幼鱼。

在中国东南沿海的菜市场、码头，时常可寻得用于食用的小型鲨鱼，诸如尖吻斜齿鲨、条纹斑竹鲨等，均为可合法食用的小鲨鱼。

此外，你还能买到鲨鱼的牙齿或牙齿化石，这也是非常受欢迎的装饰品^注。

> ^注 噬人鲨的牙齿制品受到很多人追捧，但在中国，噬人鲨是国家二级保护动物，私自贩卖其牙齿制品这一行为目前被中国政府明令禁止，在收藏时应避开该物种。

▲ 只要见过一次就难以忘记的锥齿鲨

　　日本茨城县大洗水族馆中，有超过 50 种鲨鱼，是日本鲨鱼种类最多的海洋馆。其中最引人瞩目的就是体长超过 3 米的锥齿鲨啦！它游动的气势可惊人了！

　　在这里，鲨鱼们得到了精心照料，甚至成功交尾繁殖。

　　同时，你还可以看到世界上最大的翻车鲀标本，也可以在驯养员的陪同下和鲨鱼亲密互动。

DATA

照片来源：日本茨城县大洗水族馆

展出的代表生物

这里的锥齿鲨曾经成功交尾了呢！

◀ 锥齿鲨

宽纹虎鲨

豹纹鲨

快来和鲨鱼约会吧！

这里能看到许多或可爱或美丽的鱼类！

霞蝶鱼

翻车鲀

图书在版编目（CIP）数据

多种多样：鲨鱼轻图鉴 / 日本茨城县大洗水族馆编；(日) 和音绘；黄劲峰译. —长沙：湖南少年儿童出版社，2022.8
ISBN 978-7-5562-6378-3

Ⅰ.①多… Ⅱ.①日… ②和… ③黄… Ⅲ.①鲨鱼—少儿读物 Ⅳ.①Q959.41-49

中国版本图书馆CIP数据核字(2022)第066122号

Yuruyuru Same Zukan
© Gakken
First published in Japan 2020 by Gakken Plus Co., Ltd., Tokyo
Chinese Simplified character translation rights arranged with Gakken Plus Co., Ltd.
本书中文简体字翻译版由广州天闻角川动漫有限公司出品并由湖南少年儿童出版社出版。
未经出版者预先书面许可，不得以任何方式复制或抄袭本书的任何部分。

DUOZHONGDUOYANG: SHAYU QING TUJIAN

广州天闻角川动漫有限公司 出品
Guangzhou Tianwen Kadokawa Animation & Comics Co.,Ltd.

出 版 人	刘星保
著 者	日本茨城县大洗水族馆
绘 者	[日] 和 音
译 者	黄劲峰
出版发行	湖南少年儿童出版社
地 址	湖南省长沙市晚报大道89号
经 销	全国各地新华书店
出 品 人	刘烜伟
责 任 编 辑	罗柳娟
特 约 编 辑	易 莎 张 雁
特 约 审 校	陈江源
装 帧 设 计	曾 妮
制 版 印 刷	广东广州日报传媒股份有限公司印务分公司
开 本	890mm×1270mm 1/32
印 张	5.75
版 次	2022年8月第1版
印 次	2022年8月第1次印刷
书 号	ISBN 978-7-5562-6378-3
定 价	49.00元